ABHANDLUNGEN DER DEUTSCHEN AKADEMIE
DER WISSENSCHAFTEN ZU BERLIN

Klasse für Chemie, Geologie und Biologie
Jahrgang 1957 Nr. 3

PAUL GREGUSS

EIN LIGNIT AUS DEM MIOZÄN VON RIXHÖFT UND EINIGE WICHTIGE BEOBACHTUNGEN AN EINEM „*KNORRIA*“-STAMM

Mit 3 Tafeln

AKADEMIE-VERLAG · BERLIN
1957

Vorgelegt von Hrn. v. BUBNOFF in der Gesamtsitzung vom 7. Februar 1957
Zum Druck genehmigt am gleichen Tage, ausgegeben am 27. September 1957

Erschienen im Akademie-Verlag GmbH, Berlin W 8, Mohrenstraße 39
Lizenz-Nr. 202 · 100/502/57
Satz und Druck: Buchdruckerei F. Mitzlaff KG., Rudolstadt/Thür. (V/14/7) 221
Bestell- und Verlagsnummer: 2001/57/II/3
Preis: DM 3,50
Printed in Germany

Ein Lignit aus dem Miozän von Rixhöft

(*Sequoioxylon germanicum* nov. sp.)

Während meines Aufenthaltes in Berlin im Sommer 1956 fand ich in der Arbeitsstelle für Paläobotanik und Kohlenkunde der Deutschen Akademie der Wissenschaften zu Berlin ohne jede Bestimmung ein aus Rixhöft stammendes größeres Stück Lignit aus dem Miozän ausgestellt.

W. Remy bot mir ein Stück von diesem Lignit zur Bestimmung an, welche Arbeit ich gerne auf mich nahm.

Betreffs seiner äußeren Form war dieser Lignit von guter Erhaltung und glich unserem trockenen Kiefernholz. Seine rötlichbraune Farbe ließ sofort vermuten, daß wir das Holz einer *Sequoia*-Art vor uns haben. Auch aus den schmalen Jahresringen konnte hierauf geschlossen werden, welche Besonderheit eine charakteristische Eigentümlichkeit der älteren Sequoien ist, indem die jüngsten Jahresringe der über 1000 Jahre alten Sequoien kaum 1 mm dick sind.

Nach der eingehenden Bearbeitung dieses Lignites hat es sich als unzweifelhaft herausgestellt, daß dieses Holz in der Tat von irgendeiner *Sequoia*-Art herrührt, obgleich es in seiner feineren Struktur von den rezenten Arten, wie *Sequoia sempervirens* und *Sequoia gigantea*, entschieden abweicht, so daß es mit keiner von diesen identifiziert werden kann. Nach dem Aufweichen im Wasser war es verhältnismäßig leicht, von diesem Lignit geeignete Präparate herzustellen.

Mikroskopische Untersuchung

Querschnitt: Die Jahresringe sind verhältnismäßig schmal, $^3/_4$–1 mm dick, in den 10–20 Tracheiden breiten Jahresringen fallen 3–6–8 Tracheiden auf das Spätholz. In einigen, besonders breiten Jahresringen folgt auf das Frühholz ohne Übergang das Spätholz (s. Taf. 1, Abb. 1), sonst erfolgt der Übergang stufenweise, in welchen Fällen das Frühholz 30–35, das Spätholz aber 15–20 Tracheiden breit zu sein pflegt. Die Tracheiden des Spätholzes sind dickwandig, ihre Lumina in der Nähe des Jahresringes fast spaltartig. Sowohl auf der Grenze des Spät- als auch des Frühholzes gibt es viel zerstreute Parenchymzellen, die mit dunkelfarbigem Harzinhalt gefüllt sind (s. Taf. 1, Abb. 2). Das Längsparenchym reiht sich manchmal in terminalen Lamellen nebeneinander. Ausgesprochene Harzgänge sind nicht vorhanden, an einigen Stellen sind aber Anfänge von Harztaschen sichtbar. Radialmaß der Tracheiden 65–70 μ, ihre Breite 35–40 μ, im allgemeinen sind sie rechteckig. Die waagerechten Wände der Markstrahlzellen sind meistens glatt, sehr selten sind aber in ihnen auch einfache Tüpfel zu beobachten; gleichfalls sind auch die Tangentialwände glatt.

Auf dem Tangentialschnitt sind die Markstrahlen 1–10–15 Zellen hoch (s. Taf. 1, Abb. 3). Die meisten von ihnen sind 8–10 Zellen hoch, aber es finden sich unter ihnen auch 20 Zellen hohe Markstrahlen. Die Markstrahlen sind einschichtig, ganz ausnahmsweise können sie sich aber in 1–2 Zellen Höhe auch zu zweischichtigen verbreitern. Die Querschnitte der ein oder zwei Zellen hohen Markstrahlen sind kurze stehende Ellipsen, die der höheren mehr kreisförmige oder liegende Ellipsen. Die Höhe dieser beträgt 17–18 μ, ihre Breite 18–20–26 μ. Die Höhe von sechs Markstrahlzellen mitsamt den Querwänden macht 100 μ aus, auf eine fallen also ungefähr 17 μ. An anderen Stellen kann aber die Höhe sogar 20–22 μ sein. Die waagerechte Wand ist glatt, höchstens der Radialwand zu wird sie etwas dicker, die Radialwand ist aber dünn. In einigen Markstrahlzellen befindet sich dunkelfarbiger Harzinhalt; Längsparenchym ist reichlich ausgebildet. In den Parenchymzellen ist der dunkelorgangefarbige Harzinhalt in der Form von kleinen Kügelchen sichtbar (s. Taf. 1, Abb. 3–4). Die Parenchymzellen sind verhältnismäßig niedrig, von 50 bis 130–140 μ, ihre Querwände glatt oder fein warzig (s. Taf. 1, Abb. 3–4). Diese glatte Querwand kann uns mit den angeführten Eigentümlichkeiten gewissermaßen schon an die Sequoien erinnern. Da die Längsparenchymzellen in diesem Lignit ganz *Metasequoia*-artig auffallend niedrig und außerdem die Querwände gleichfalls nicht immer vollkommen glatt, sondern manchmal auch etwas knotig sind, könnte man auf Grund der bisher angeführten Strukturformen außer an Sequoien mit vollem Recht auch an *Metasequoia* denken.

In den Tangentialwänden der Längstracheiden findet man die Hoftüpfel im allgemeinen in einer, seltener in zwei lockeren Reihen angeordnet (s. Taf. 1, Abb. 3). Die Größe der Tüpfel ist 8–9 μ (der Durchmesser der tangentialen Tüpfel der *Metasequoia* ist gleichfalls 8,5 μ). Die waagerechte Wand und auch die Radialwand der Markstrahlzellen ist ganz dünn, nur an dem Treffpunkt beider ist eine dreieckförmige Verdickung entstanden.

Radialschnitt

In den Radialwänden der Längstracheiden des Frühholzes ordnen sich im allgemeinen paarige Hoftüpfelreihen an, zwischen ihnen sind manchmal die Sanio-Linien gut sichtbar (s. Taf. 1, Abb. 5). In der Breite einer Tracheide kommen drei Hoftüpfel nur in den seltensten Fällen vor. Der Durchmesser eines Tüpfels liegt zwischen 13,5–21,6 μ. In den Längsparenchymzellen ist der Harzinhalt auch von dieser Seite abgerundet und nie ausgehöhlt. In den inneren Kreuzungsfeldern des Frühholzes finden sich im allgemeinen zwei, ausnahmsweise drei taxidoide Tüpfel, ganz ausnahmsweise können sogar sechs Tüpfel vorkommen (s. Taf. 1, Abb. 7, 8). Waagerechtes Maß der Tüpfel 8,1–11–16 (17) μ, Höhenmaß 6–8 (11) μ. Die waagerechten Wände der Markstrahlzellen sind im allgemeinen glatt, in ihnen gibt es sehr selten einfache Tüpfel, die Tangentialwände sind aber immer glatt und dünn. An einige Markstrahlen können sich vereinzelte, eventuell auch 2–3 Quertracheiden anschließen (s. Taf. 1, Abb. 6). In diesen Quertracheiden gibt es kleine Hoftüpfel von 8,5 μ Größe, ihre kreisförmigen Öffnungen sind ungefähr 3 μ groß. Vertiefte Ansätze waren nicht zu sehen. Dieser Lignit weicht also in seiner feineren Struktur sowohl von der *Sequoia sempervirens* als auch von der *Sequoia gigantea*, aber auch von der *Metasequoia* entschieden ab, wie dies auch aus den unten angeführten vergleichenden Tabellen deutlich hervorgeht.

Diese Tabellen sind von uns unter folgenden Gesichtspunkten zusammengestellt worden: Von allen vier Arten wählten wir Markstrahlen von zehn Zellen Größe aus, deren Frühholz genau 10 Tracheiden breit war, wodurch wir genau je 100 Kreuzungsfelder bekamen, also können auch bezüglich des Entwicklungsgrades die Markstrahlen aller dieser vier Arten für miteinander identisch angesehen werden. Hiernach stellten wir die Zahl und die Größe der Tüpfel in den einzelnen Kreuzungsfeldern fest, dann die durchschnittliche Höhe der Markstrahlen, weiter die Zahl der Hoftüpfelreihen in den Radialwänden der Tracheiden und die Größe der Hoftüpfel. Schon in bezug auf die Höhe der Markstrahlzellen machte sich eine Abweichung von den Genera und Arten, die für die Bestimmung in Betracht hätten kommen können, bemerkbar. Die durchschnittliche Höhe der Markstrahlzellen

1.	2	2	2	2	3	3	2	2	2	2	=	22
2.	—	2	2	2	2	1	2	2	3	2	=	19
3.	3	2	2	2	1	—	1	2	2	2	=	17
4.	—	—	—	1	2	1	2	2	1	—	=	9
5.	2	3	2	2	2	2	2	3	2	3	=	23
6.	2	2	1	2	—	1	2	2	2	—	=	14
7.	1	3	1	3	4	2	2	1	2	2	=	21
8.	1	—	1	2	1	1	2	1	—	2	=	11
9.	2	2	1	1	2	1	—	3	2	2	=	16
10.	2	2	2	2	2	2	2	3	3	2	=	22
												174

Metasequoia. Zahl und Verteilung der Kreuzungsfeldtüpfel in einer 10 Zellen hohen und 10 Zellen breiten Markstrahlfrühzone. Auf ein Kreuzungsfeld fallen durchschnittlich 1,7 Tüpfel.

1.	2	2	1	1	2	2	1	2	3	4	=	20
2.	1	1	1	1	1	1	1	1	—	1	=	9
3.	1	1	1	1	1	1	1	1	1	1	=	10
4.	1	1	1	1	1	1	1	1	—	1	=	9
5.	1	1	1	1	1	1	1	1	1	1	=	10
6.	1	2	2	2	1	1	1	1	1	1	=	13
7.	—	—	1	1	—	—	1	1	1	1	=	6
8.	1	1	1	1	2	1	1	1	2	1	=	12
9.	2	1	1	1	1	1	1	2	1	2	=	13
10.	2	2	2	2	2	2	2	2	2	2	=	20
												122

Sequoia gigantea. Zahl und Verteilung der Kreuzungsfeldtüpfel in einer 10 Zellen hohen und 10 Zellen breiten Markstrahlfrühzone. Auf ein Kreuzungsfeld fallen durchschnittlich 1,2 Tüpfel.

1.	4	4	5	6	3	5	6	6	6	7	=	52
2.	1	2	2	4	4	2	4	3	3	5	=	30
3.	2	3	1	3	3	2	4	3	2	4	=	27
4.	2	1	1	3	3	2	1	2	4	4	=	25
5.	2	—	2	3	3	2	5	4	3	4	=	28
6.	2	2	3	—	3	3	4	2	4	4	=	27
7.	1	1	1	3	3	1	4	3	1	4	=	22
8.	—	1	2	3	3	1	5	4	4	5	=	28
9.	2	3	2	1	3	2	4	2	3	4	=	26
10.	6	4	2	6	6	6	6	7	6	8	=	57
												320

Sequoia sempervirens. Zahl und Verteilung der Kreuzungsfeldtüpfel in einer 10 Zellen hohen und 10 Zellen breiten Markstrahlfrühzone. Auf ein Kreuzungsfeld fallen durchschnittlich 3,2 Tüpfel.

1.	3	4	3	4	5	3	3	4	3	3	=	35
2.	2	2	2	2	3	1	2	2	2	1	=	19
3.	2	1	2	2	3	3	2	2	1	1	=	19
4.	2	2	1	1	3	3	2	2	2	1	=	19
5.	2	2	2	1	1	3	3	2	1	1	=	18
6.	1	2	1	3	2	2	2	2	2	1	=	18
7.	2	2	2	1	2	2	3	1	2	1	=	18
8.	2	2	1	2	3	2	3	1	2	1	=	19
9.	2	2	2	3	2	2	2	2	2	1	=	20
10.	3	2	3	3	3	2	3	2	3	2	=	26
												211

Sequoioxylon germanicum. Zahl und Verteilung der Kreuzungsfeldtüpfel in einer 10 Zellen hohen und 10 Zellen breiten Markstrahlfrühzone. Auf ein Kreuzungsfeld fallen durchschnittlich 2,1 Tüpfel.

	5,4	6,75	8,10	9,45	10,8	12,15	13,15	14,84	16,20 µ	
Sequoioxylon germanicum . . .			27	133	**172**	95	54	18	15	= 514
Metasequoia			**178**	175	144	11	6			= 514
Taxodioxylon metasequ.ianum[1])		+	+							
Sequoia sempervirens	13	30	**215**	125	122	9				= 514
Sequoia gigantea	135	**232**	195	22						= 514
Taxodium distichum	159	**250**	105							= 514

Variation der Größe der Kreuzungsfeldtüpfel laut 514 Messungen

Grafikon

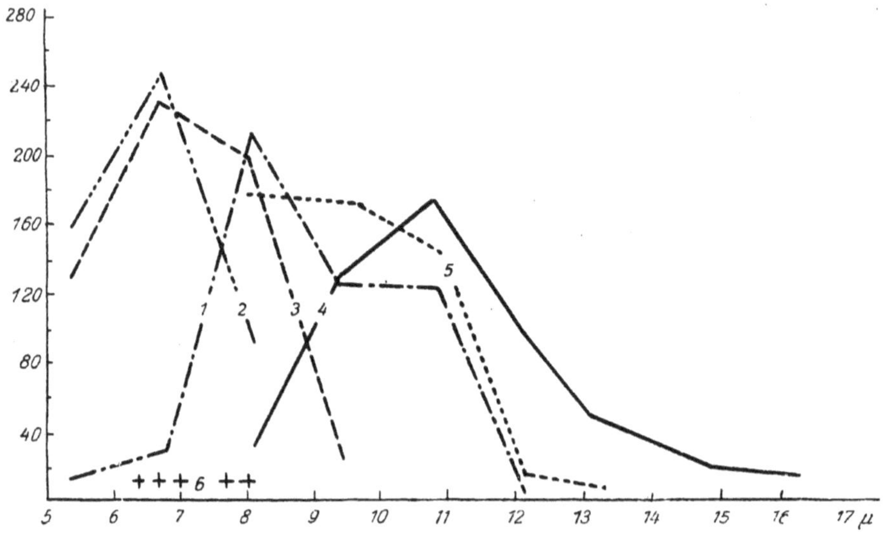

Variationskurve der Kreuzungsfeldtüpfel aus jeweils 514 Messungen aufgebaut.

1. *Taxodioxylon metasequoianum*, 2. *Metasequoia glyptostroboides*, 3. *Sequooxylon germanicum*, 4. *Sequoia gigantea*, 5. *Sequoia sempervirens*, 6. *Taxodium distichum*.

stimmte mit der der *Sequoia sempervirens* genau überein. Die Markstrahlzellen der *Metasequoia* sind schon niedriger und noch niedriger die der *Sequoia gigantea.*

Die größte Abweichung zeigte sich in der Zahl der Tüpfel in den Kreuzungsfeldern. In 100 Kreuzungsfeldern der *Sequoia sempervirens* kamen nämlich 320 Tüpfel vor, also in einem Kreuzungsfeld durchschnittlich 3,2 Tüpfel, hingegen in denen der *Sequoia gigantea* nur etwas mehr als ein Drittel dieser Zahl, d. h. 122, bzw. auf ein Feld kamen 1,2 Tüpfel, auch in der *Metasequoia* nur 174, d. h. auf ein Kreuzungsfeld kamen durchschnittlich 1,7 Tüpfel, während in unserem Lignit aus dem Miozän in 100 Kreuzungsfeldern 211 Tüpfel gezählt werden konnten, auf ein Kreuzungsfeld fielen also hier durchschnittlich 2,1 Tüpfel. Schon auf Grund dieser Daten läßt sich behaupten, daß die Betüpfelung der Markstrahlen des fraglichen Lignits sowohl von der der *Sequoia sempervirens*, als auch von der der *Sequoia gigantea*, aber auch von der der *Metasequoia* entschieden abweicht. Es ist noch zu bemerken, daß die Zahl der Tüpfel in den Kreuzungsfeldern der Kantenzellen fast genau zweimal so groß ist, als in den inneren Markstrahlen, wie sich dies auch aus dem Vergleich unserer Tabellen ergibt.

[1]) Nach SCHÖNFELD.

Auch in der Größe der Tüpfel ist die Abweichung zwischen der *Sequoia sempervirens*, der *Sequoia gigantea* und dem Rixhöfter Lignit erheblich. Die Größe der Tüpfel in den Kreuzungsfeldern reicht bei der *Sequoia sempervirens* von 5,4 bis 12,5 μ, die der *Sequoia gigantea* sind schon kleiner, sie reichen nämlich von 5,4 μ nur bis 9,4 μ. Diesen gegenüber gleicht die Betüpfelung unseres Lignites schon eher der der *Metasequoia*, indem die Betüpfelung in seinem Holz zwischen 8,1–13,15 μ schwankt. Das Maß der Tüpfel unseres Lignites ist noch größer, indem es zwischen 8,1–16,2 μ variiert; unser Lignit hat also im allgemeinen die größten Tüpfel in den Kreuzungsfeldern.

Gut werden diese Verhältnisse durch die beigefügte Tabelle und auch durch das zu dieser gehörende Diagramm veranschaulicht. Diese Erscheinung ist um so mehr beachtenswert, weil die Hoftüpfel in den Radialwänden der Tracheiden des Rixhöfter Lignites – von der *Sequoia gigantea* abgesehen – im allgemeinen schon die kleinsten sind, indem sie von 13,5 nur bis 21,6 μ reichen. Eine Übereinstimmung weist unser Lignit mit der *Metasequoia* auch insofern auf, daß die Hoftüpfel in seinen Tracheiden im allgemeinen 1–2 reihig sind und nur ganz ausnahmsweise 3 Tüpfel nebeneinander vorkommen, hingegen ist die Betüpfelung in der *Sequoia gigantea* fast immer nur einreihig, in der *Sequoia sempervirens* aber 1–3 reihig.

Auf Grund dieser Besonderheiten kann also der Rixhöfter Lignit von den heute lebenden Arten weder mit der *Sequoia sempervirens*, noch mit der *Sequoia gigantea* und der *Metasequoia*, aber auch mit dem von Schönfeld vor kurzem beschriebenen *Taxodioxylon metasequoianum* keineswegs identifiziert werden, was übrigens schon aus dem Vergleich der nebeneinander gestellten Abbildungen der Kreuzungsfelder und der Markstrahlen von den obigen Arten deutlich ergibt (s. Taf. 2).

Die *Sequoia*-artigen Hölzer aus dem Miozän, d. h. diejenigen, in welchen es keine Harztasche gibt, pflegt man im Anschluß an Kräusel unter dem Namen *Taxodioxylon gypsaceum* anzuführen und in erster Linie werden diese für die Stammformen der heute lebenden *Sequoia sempervirens* gehalten. Den Namen *Taxodioxylon* bekam unlängst auch das mit der *Metasequoia* identifizierte *Taxadioxylon metasequoianum*, obgleich dieses Holz – meiner Auffassung nach – eher *Sequoia*- als *Taxodium*-Charakter hat. Dies alles in Betracht nehmend, käme auch dem Rixhöfter Lignit mit vollem Recht der Name *Taxodioxylon* im Sinne Kräusels zu, wenn unser Lignit entweder mit der *Sequoia sempervirens* oder der *Sequoia gigantea* oder mit dem Schönfeldschen *Taxodioxylon* oder eben mit irgendeinem *Taxodium* übereinstimmen würde. Weil er aber von diesen Formen, also von der *Metasequoia*, aber besonders von den *Taxodium*-Arten in wesentlichen Zügen abweicht, kann er mit diesen nicht gleichgesetzt werden, da die Anwendung des Namens „*Taxodioxylon*" das Wesentliche nicht decken würde. Da dieser Rixhöfter Lignit mit dem *Taxodium*-Genus anatomisch nichts zu schaffen hat, indem er entschieden *Sequoia*-Charakter hat und auf Grund der xylotomischen Struktur in gewisser Hinsicht auch an die Thujas gedacht werden könnte, deswegen wäre die Anwendung des Genus-Sammelnamens *Taxodioxylon* meiner Auffassung nach durchaus nicht zutreffend. Auf Grund der viel größeren Ähnlichkeit mit den *Sequoia*-Arten wäre also die Anwendung des Namens *Sequoioxylon* viel passender, ebenso wie man auf Grund der Ähnlichkeit oder der Identität das *Glyptostroboxylon* mit dem *Glyptostrobus* in Verbindung zu bringen pflegt.

Dementsprechend müssen wir unserem Lignit, eben wegen seiner großen Ähnlichkeit mit den *Sequoia*-Arten den Namen *Sequoioxylon* geben. Da aber dieser Lignit mit den lebenden *Sequoia*-Arten, d. h. weder mit der *Sequoia sempervirens* noch mit der *Sequoia gigantea* identifiziert werden kann, also auch mit dem diesen entsprechenden *Taxadioxylon gypsaceum* nicht, aber auch mit dem aus der Turower Mine in Polen stammenden *Sequoioxylon turovense* (Greguss), dem *Taxadioxylon gypsaceum* (Zalewska), dann mit der von

Varga besprochenen und aus Köpec stammenden *Sequoia langsdorffii* nicht identisch ist, und auch weder mit dem Várpalotaer Lignit (Sárkány) noch mit dem aus der Petöfi-Mine (Haraszty), noch mit dem Ipolytarnócer *Sequoioxylon* (Greguss), aber wie wir es gleich auch ausführlicher zeigen wollen, auch mit dem von Schönfeld unlängst besprochenen *Taxodioxylon metasequoianum* nicht identifiziert werden kann, müssen wir den von uns untersuchten Lignit, um ihn von diesen zu unterscheiden, mit einem neuen Namen *Sequoioxylon germanicum* n. sp. bezeichnen.

Im Laufe dieser vergleichenden Arbeit habe ich feststellen müssen, daß das von Schönfeld vor kurzem beschriebene *Taxodioxylon metasequoianum* mit der heute lebenden *Metasequoia* nicht identifiziert werden kann. Und diese Gelegenheit möchte ich noch dazu benutzen, um eine Bemerkung zu den Ausführungen Schönfeld's hinzuzufügen, indem ich die Beziehung des von ihm behandelten Holzes zu der *Metasequoia* auch auf Grund der von ihm angeführten Daten noch immer nicht für wahrscheinlich halte. Zur Unterstützung meiner Auffassung will ich nur auf einige charakteristische und wesentlich abweichende Momente aufmerksam machen, die zwischen dem *Taxodioxylon metasequoianum* und der lebenden *Metasequoia* beobachtet werden können (s. Taf. 2). Meiner Ansicht nach gibt es eine deutliche Abweichung und einen wesentlichen Unterschied einerseits in der Form der Markstrahlen, anderseits bezüglich Größe und Struktur der einzelnen Markstrahlzellen, aber auch in der Größe der Hoftüpfel. In den Tangentialwänden der Tracheiden der *Metasequoia* erreichen die Durchmesser der Hoftüpfel 9–11 (13) μ, in dem *Taxodioxylon metasequoianum* nur die Hälfte dieser Größe, nämlich 4,5 μ, die Poren aber nur 3,6 μ (laut Schönfeld); im Frühholz ist der Durchmesser der Hoftüpfel auf der Radialseite 17–21 μ, der der Poren 8,5 μ, in der *Metasequoia* 20–22 μ (s. Abb. 1). Während die Querschnitte der Markstrahlen des von Schönfeld besprochenen *Taxodioxylon metasequoianum* von der tangentialen Seite aus betrachtet mehr stehende Ellipsen sind, sind die Querschnitte der Markstrahlzellen bei der *Metasequoia* kreisförmig, was auch durch die beigefügten Abbildungen bekräftigt werden kann. Es sei bemerkt, daß die Photographien der sechs Tangentialschnitte alle bei 100facher Vergrößerung verfertigt worden sind.

Aber auch in der Betüpfelung der Kreuzungsfelder gibt es einen wesentlichen Unterschied. Die Betüpfelung der Kreuzungsfelder des Schönfeldschen *Taxodioxylon metasequoianum* stimmt nämlich bei weitem nicht überein mit den Maßverhältnissen der Tüpfel in der heute lebenden *Metasequoia*. Dies alles kann schon durch den Vergleich der in derselben Vergrößerung gegenübergestellten Photographien der Taf. 3 bezeugt werden. Während sich die Größe der Tüpfel der Kreuzungsfelder in der *Metasequoia* auf Grund von 500 Messungen zwischen 8,1–13,5 μ bewegt, sind diese in dem Schönfeldschen *Taxodioxylon metasequoianum* nur 8,5 × 6,5 μ groß (s. Schönfeld, S. 390). Schon auf Grund dieser Daten läßt sich das *Taxodioxylon metasequoianum* mit der heute lebenden *Metasequoia* nicht identifizieren. Aber es kann auch mit unserem Lignit nicht identifiziert werden.

Nach meiner Auffassung ist also Schönfelds Lignit der *Sequoia gigantea* mehr ähnlich als der *Metasequoia*, besonders wenn man nicht vergißt, daß Harztaschen in dem Wundholz der *Sequoia gigantea* ebenso vorkommen und von derselben Struktur sind, wie in der von Schönfeld bekanntgemachten Art. Auf Grund des Vergleiches der feineren Details glaube ich zwischen unserem Lignit und der *Metasequoia* mehr Ähnlichkeit erkennen zu können als zwischen dem Lignit Schönfelds und der *Metasequoia*. Alles in allem halte ich die bisher von Schönfeld angeführten positiven Daten derzeit noch keineswegs zu hundert Prozent befriedigend und genügend für die von ihm vertretene Auffassung, und meiner Ansicht nach ist das *Taxodioxylon metasequoianum* mit der heute lebenden *Metasequoia* nicht identifizierbar.

Zurückkommend auf den Rixhöfter Lignit bin ich zu dem Endergebnis gelangt, daß ich diesen, weil er auf Grund der uns zur Verfügung stehenden Daten weder mit den lebenden Sequoien und der *Metasequoia* noch mit den bekannten Arten des *Taxodioxylon gypsaceum* identifiziert werden kann, nur zur Unterscheidung mit dem Namen *Sequoioxylon germanicum* nov. sp. bezeichnen darf. Die Abweichungen werden auch durch die beigefügten Tabellen und Photographien vorzüglich gerechtfertigt.

Es ist sehr leicht möglich, daß es unter den bisherigen Funden vielleicht auch mehrere solche gibt, die mit unserem Lignit vollkommen übereinstimmen, und zwar dürfte man diese unter dem Namen *Taxodioxylon gypsaceum* oder unter einem anderen Namen veröffentlicht haben, aber im Mangel von ausführlichen Beschreibungen ist mir die Identifizierung mit keinem von diesen bisher gelungen. Jedenfalls werden die oben angeführten vergleichenden Daten und Photographien einigermaßen als Wegweiser dienen können in der Frage, ob die sequoiartigen Lignite, die in der Zukunft untersucht werden sollen, mehr einer heute lebenden *Sequoia*-Art oder der *Metasequoia* oder aber dem *Taxodium* ähnlich seien.

Zum Abschluß dieser Ausführungen sei noch in aller Kürze auf etwas aufmerksam gemacht. Es ist erwiesen, daß die Sequoien auf einem Gebiet mit trockenerem Klima leben als die Taxodien, und da das von uns untersuchte Petrefakt unzweifelhaft sequoiaartige xylotomische Eigentümlichkeiten hat, läßt sich dementsprechend annehmen, daß die Umgebung seines Vorkommens, als diese Sequoien in Deutschland noch gediehen, nach der sog. Trockentorfhypothese (vgl. Kräusel, S. 191) nicht ein morastiges, sondern eher ein trockenes Gebiet gewesen sein mag.

Mit obigen Ausführungen wollte ich nur zur Kenntnis der Miozänflora Deutschlands einen Beitrag liefern.

LITERATUR

[1] Gothan, W., Zur Anatomie lebender und fossiler Gymnospermenhölzer. – Abh. Preuß. Geol. Landesanstalt 1905.

[2] Greguss, P., Les vertiges de bois silificé du Miocene inferieur d'Ipolytarnóc. – Földt. Közl. **84**, 1—2, 1954.

[3] Greguss, P., Identification of a Lower Miocene Wood from Coal-mine at Turow (Poland). – Acta Geologica Polonica Vol. V, Warscawa 1955.

[4] Greguss, P., Identification of Living Gymnosperms on the Basis of Xylotomy. – Budapest 1955.

[5] Haraszty, A., A Petöfi-bánya barnaszeneinek mikroszkópos vizsgálata. – Budapest 1953.

[6] Haraszty, A., Mikroskopische Untersuchung des Lignits von Gyöngyös und Rózsaszentmárton. – Bot. Közl, 1935.

[7] Sárkány, S., Pflanzenanatomische Untersuchungen am Lignit von Várpalota (Ungarn). – Földt. Közl. LXXIII, p. 449—458, 1943.

[8] Schönfeld, E., *Metasequoia* in der Westdeutschen Braunkohle. – Senck. leth. **36**, 5/6, 389—399, 1955.

[9] Varga, I., Sequoia lignit Erdélyböl. – Acta Botanica Szeged, 1942.

[10] Zalewska, Z., Trzeciorzedowe szczatki drewna z Turowa nad Nysa Luzycka. – Acta Geol. Polonica, vol. III, 481—543, Warscawa 1953.

[11] Kräusel, R., Die fossilen Koniferen-Hölzer. – Palaeontographica, Stuttgart 1949.

Tafel 1

Abb. 1—8. *Sequoioxylon germanicum* n. sp.

Abb. 1. Querschliff. Auffallende Jahresringgrenze, deutlich abgesonderte Früh- und Spätzonen (Vergr. 50×)

Abb. 2. Querschliff. Reichliches Strangparenchym (Vergr. 100×)

Abb. 3. Tangentialschliff. Einreihige Markstrahlen. Strangparenchymzellen ziemlich kurz, mit abgerundetem Harzinhalt (Vergr. 100×)

Abb. 4. Ein Teil davon mit 300facher Vergrößerung. Horizontalwände der Strangparenchymzellen vollkommen glatt oder fein knotig

Abb. 5. Radialschliff. Hoftüpfelung der Tracheidenwände. Die SANIOschen Streifen gut sichtbar (Vergr. 300×)

Abb. 6. Radialschliff. Unter den Markstrahlzellen eine Quertracheide mit Hoftüpfeln (Vergr. 300×)

Abb. 7—8. Radialschliff. Kreuzungsfeldtüpfelungen (Vergr. 300×)

Tafel 2

An der linken Seite die verschiedenen Kreuzungsfeldtüpfelungen bei leicher (300×) Vergrößerung; an der rechten Seite die entsprechenden tangentialen Strukturen der Markstrahlen bei gleicher (100×) Vergrößerung. Die Unterschiede zwischen den einzelren Arten zeien die Photorphien deutlich. *Taxodioxylon metasequoianum* nach SCHÖNFELD.

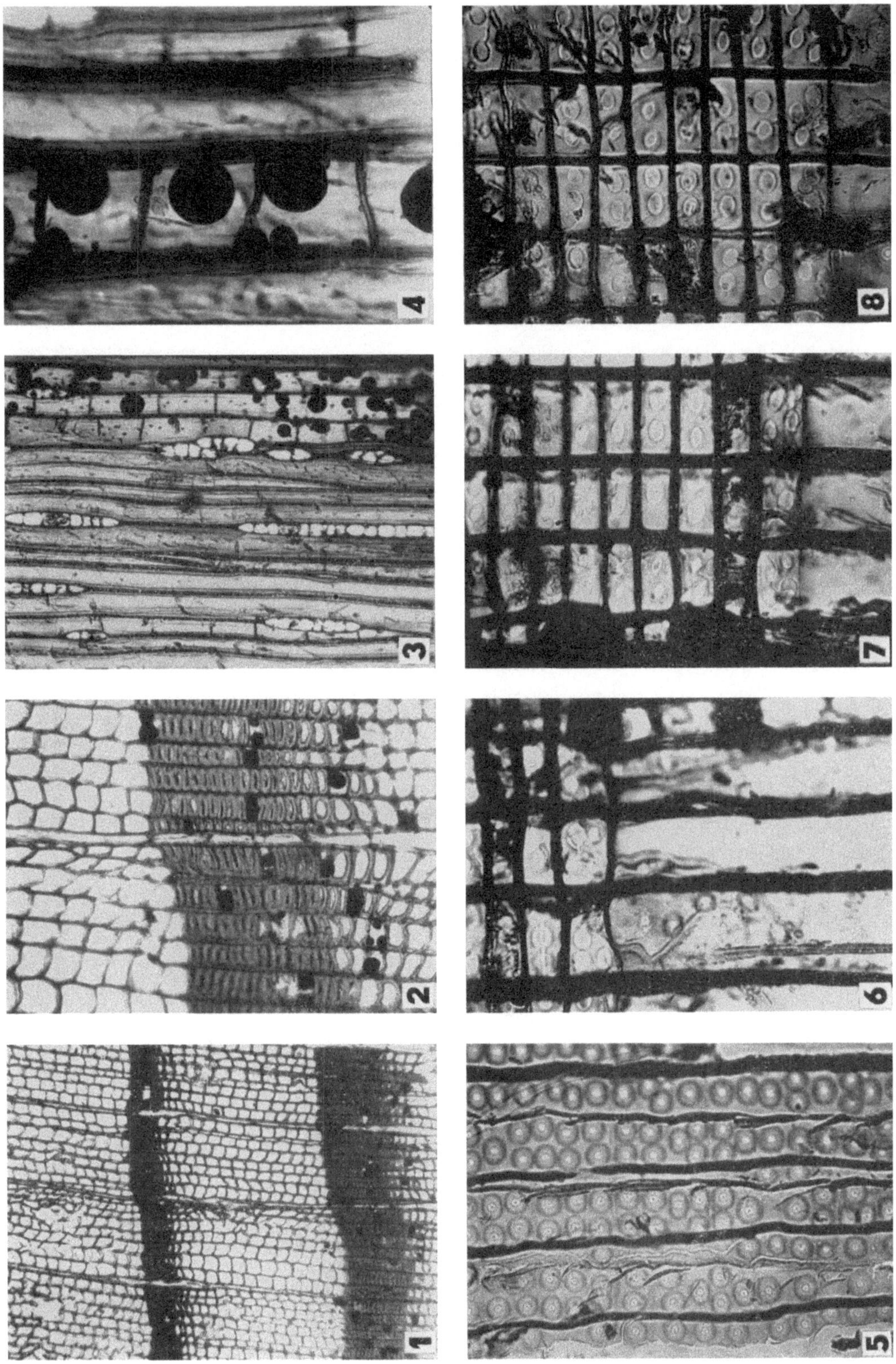

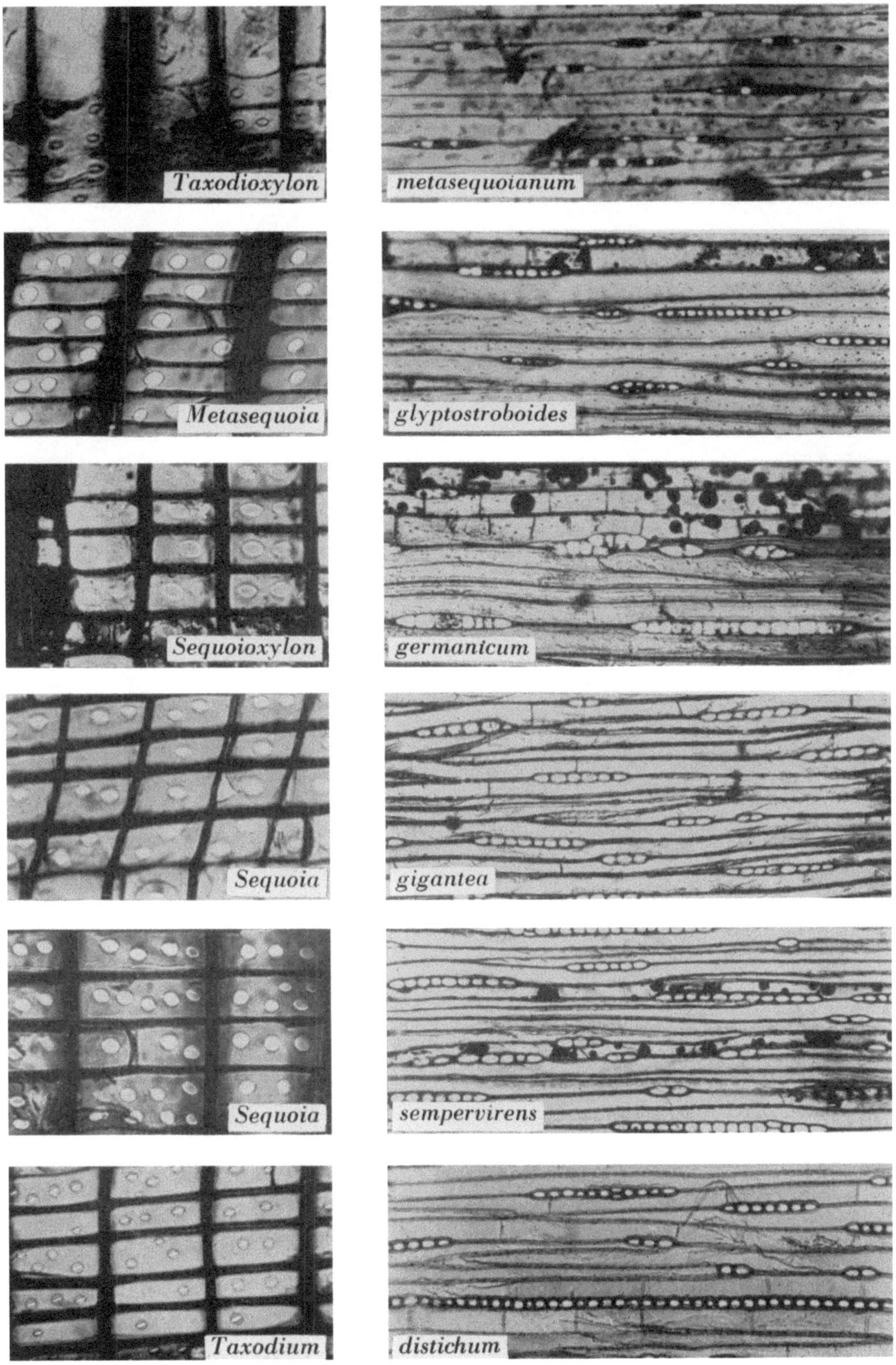
Taxodioxylon
metasequoianum
Metasequoia
glyptostroboides
Sequoioxylon
germanicum
Sequoia
gigantea
Sequoia
sempervirens
Taxodium
distichum

Einige wichtige Beobachtungen an einem „*Knorria*“-Stamm

Während meines Aufenthaltes in Berlin im Frühjahr 1956 zeigte mir Herr W. Remy in der Sammlung der Arbeitsstelle für Paläobotanik und Kohlenkunde der Deutschen Akademie der Wissenschaften zu Berlin als „*Knorria*-Stamm das charakteristische Stück eines aus der Karbon-Zeit stammenden versteinerten Baumstammes. Dieses Petrefakt kam aus Saarbrücken in die Sammlung des Institutes und wurde noch während der Direktion Gothans unter diesem Namen inventarisiert. Dieses ungefähr 15 cm breite, 10 cm hohe und 9 cm dicke Stammstück machte auf mich schon bei der ersten Betrachtung den Eindruck, als ob die auf dem Stamm befindlichen rundlichen Erhebungen gar nicht Überreste von Gefäßbündeln, sondern richtige Blätter wären. Deswegen hielt ich dieses Petrefakt eher für das Stammstück eines Lepipodendrons als für das einer „*Knorria*“. Diese Meinung habe ich auch Herrn Remy sofort mitgeteilt. Während des Gespräches untersuchten wir es noch eingehender, dann verfertigten wir von diesem Stammstück auch einen provisorischen Schliff, aus welchem sich sofort deutlich ergab, daß die Erhebungen keineswegs Gefäßbündel, sondern in der Tat dicht nebeneinanderliegende, richtige Blätter sind. Von Herrn W. Remy wurde ich – weil er die Richtigkeit meiner Feststellungen erkannt hatte – ersucht, das Fundstück nach Ungarn mitzunehmen, um genauere Untersuchungen daran vorzunehmen. In die Heimat zurückgekehrt habe ich die erforderlichen genaueren Untersuchungen sofort vorgenommen und als Ergebnis dieser kam ich zu der endgültigen Feststellung, daß die auf dem Stamm befindlichen Erhebungen durchaus nicht Gefäßbündel, sondern dicht nebeneinander liegende Blätterreihen sind, und daß somit der Petrefakt aller Wahrscheinlichkeit nach der Überrest eines Lepidodendrons oder einer diesem sehr ähnlichen Farnart aus der Karbon-Zeit ist. Vor der Untersuchung machten wir von dem noch unberührten Petrefakt auch zwei makroskopische Aufnahmen mit den auf ihnen befindlichen Original-Inventarzetteln (s. Taf. 3, Abb. 1 und 2).

Äußerliche Morphologie

Hiernach wurde ein Teil des Stammes von dem angeklebten Kohlenstaub etwas gesäubert, wonach die Oberfläche des Stammes noch besser zu beobachten war. Jetzt war schon ganz deutlich zu sehen, daß die ganze Oberfläche des Stammes dicht von spiralig stehenden, teils unversehrten, teils abgebrochenen Blättern bedeckt war. Die Länge der einzelnen Blätter schwankte zwischen 2½–3½ cm, ihre Breite zwischen 5–6 mm (s. Taf. 3, Abb. 4 bei a und b). Einzelne Blätter sind von unten angefangen fast gleich breit, verflachen nur etwas in ihrem oberen Teil und enden dann mit einer regelmäßigen Abrundung. Andere Blätter sind unten ½ cm breit und verschmälern sich dann in halber Höhe ziemlich plötzlich bis auf 2–2½ mm (s. Taf. 3, Abb. 4 bei b). Aus einer solchen Struktur kann schon mit voller Gewißheit darauf geschlossen werden, daß die rundlichen Erhebungen nicht Überreste von Gefäßbündeln sind, sondern nur wirkliche Blätter sein können. Diese Hypothese wurde auch von der Tatsache unterstützt, daß einzelne Blätter von dem Stamm gut abgesprengt werden konnten, so daß auf der Rückseite des Blattes die Spur der einzigen Blattader deutlich zu erkennen war.

Die feinere Struktur der Blätter

Daß die rundlichen Erhebungen entschieden in Blättern und keineswegs in Gefäßbündeln ihren Ursprung haben, bezeugen auch die aus den Blättern und aus dem Stamm verfertigten Querschliffe (s. Taf. 3, Abb. 3 und 6).

Diese Querschnitte zeigen uns gut, daß die Blätter höchstens 6 mm breit, ihre Querschnitte elliptisch sind und ihre Dicke davon abhängt, in welcher Höhe die Blätter von dem Querschliff getroffen wurden. Neben einigen Blättern waren auch unentwickeltere Blattanfänge sichtbar, die wahrscheinlich die Spitzen von unter den Deckblättern befindlichen unentwickelteren Blättern waren oder sie können möglicherweise sog. Ligulas gewesen sein. Die Querschnitte aller Blätter waren in jeder Höhe flache Ellipsen und ihre Dicke schwankte zwischen 1–2½ mm. Es ist auch eine merkwürdige Erscheinung, daß sich an ziemlich vielen Stellen je zwei Blätter nebeneinander befanden, ähnlich wie bei den zweinadeligen *Pinus*-Arten. An anderen Stellen verdichteten sich die Blätter wiederum in größeren Gruppen, ohne daß eine solche paarige Anordnung der Blätter hätte festgestellt werden können. Auf den Querschnitten der Blätter waren jedoch – wenigstens mit einer Handlupe – keine Furchen oder Rippen zu beobachten.

Mikroskopische Untersuchung

Von den äußersten Schichten des Petrefaktes verfertigten wir dünne Schliffe. Leider war aber die feinere Struktur des Gewebes infolge der hochgradigen Desorganisation weder im Inneren des Stammes noch im Inneren der Blätter zu beobachten.

Die Zellstruktur war schon so weitgehend desorganisiert, daß in ihr die feinere Struktur trotz des dünnsten Schliffes an einigen Stellen eben nur einigermaßen durchschimmerte. Die in die Mitte der Fig. 3 auf Taf. 1 eingefügte kleine Photographie (a) wurde von einem solchen desorganisierten Teil verfertigt. Dieses Bild zeigt bei 100facher Vergrößerung wahrscheinlich die Zellstruktur des Grundgewebes. Auf dieser Photographie ist gut zu sehen, daß die Zellwände vollkommen zugrunde gingen und nur der Inhalt erhalten blieb, es ist jedoch auch nicht ausgeschlossen, daß diese Zellstruktur nur ein infolge der Desorganisation zustande gekommenes Produkt ist. Dieser Auffassung widerspricht jedoch die Tatsache, daß sich einzelne „Zellen“ in mehr oder minder regelmäßiger Anordnung nebeneinander befinden. Deswegen zeigt dieses Bild aller Wahrscheinlichkeit nach doch die homogene Zellstruktur des Grundgewebes, die dem im Stämmchen der Laubmoose befindlichen homogenen Grundgewebe ähnlich ist.

Die Querschliffe der Blätter

Die Querschliffe der Blätter sind – wie oben schon erwähnt – kürzere oder längere Ellipsen, auf ihnen gibt es weder Furchen noch Rippen. Auf den in Mägdefrau 1956 publizierten Photographien über die Blattstruktur des Lepidodendrons sind sogar zwei auffallende Furchen zu sehen, in denen bekanntlich die Spaltöffnungen angeordnet waren, in der Mitte des Blattes zog sich aber nur eine einzige Ader hin, d. h. der Querschnitt des *Lepidodendron*-Blattes ist auf der von Mägdefrau publizierten Photographie nicht von unversehrtem Rand und elliptisch, sondern geflügelt und gefurcht. Auf dem Blatt unseres Petrefaktes gibt es keine solchen Furchen. Desgleichen können auch die Spuren der in dem Blatt entlangziehenden, vermutlich einzigen Blattader nicht festgestellt werden, höchstens ließen sich hier und dort die unbestimmten Grenzlinien der Zellen des Grundgewebes des Blattes mutmaßen. Es ist mir nicht bekannt, ob sich längliche Furchen auf der Rückseite der Blätter aller *Lepidodendron*-Arten hinzogen oder ob es auch Arten gab, auf welchen solche Furchen nicht vorhanden waren. Zu einem derartigen Typus dürfte auch unser Petrefakt gehört haben.

Die Querschnittstruktur der Blätter ist aber auch insofern merkwürdig, als auf den Kanten der beiden Ränder des Blattes mehrzellige Trichome anzutreffen sind und man im Inneren der Blätter und auf den Rändern die Stellen der eventuell dort hinziehenden, dickwandigeren Zellen mutmaßen konnte.

Die innere Struktur des Stammes

Was nun die innere Struktur des Stammes betrifft, so läßt sich darüber leider dasselbe feststellen wie über die innere Struktur der Blätter, daß nämlich das Grundgewebe und die Gefäßbündel schon so weitgehend desorganisiert waren, daß die Zellstruktur fast vollständig verschwand; die Stellen der Zellen nahm kieseliger Ton oder irgendeine andere ausfüllende Materie ein. Das weißgerahmte Detail (a) am Unterteil der Fig. 3 auf Taf. 1 wurde von dem Randteil des Stammesinnern, aus der Nähe der Blätter verfertigt. Es ist leicht möglich, daß uns dieses Detail in der Tat die ehemalige Grundgewebsstruktur des Stammes zeigt, die der Struktur der Stämmchen der Laubmoose ähnlich zu sein scheint, aber es ist auch nicht ausgeschlossen, daß diese Zellstruktur infolge der Desorganisation zustande kam. Eine feinere Zellstruktur ließ sich mit meinen Untersuchungsmethoden nicht feststellen.

Das Vorhandensein von Paraphyllen

Eine sehr merkwürdige Erscheinung konnte von den auf der Oberfläche des Stammes befindlichen winzig kleinen Blättchen festgestellt werden. Wie es auch auf Taf. 3, Abb. 5, zu sehen ist, wurde der zwischen den Blättern und dem Stamm befindliche Raum von kaum ½ mm Weite an den Stellen, wo sich die Blätter an den Stamm schmiegten, von einer konzentrierten Kohlenmasse ausgefüllt, wodurch teils die Oberfläche des Stammes, teils die an diese sich schmiegenden Blätter in diese Masse gewissermaßen unversehrt eingebettet wurden. Auf den Schliffen, die von solchen Stellen verfertigt wurden, war sehr gut zu beobachten, daß nicht nur Kanten, Ränder und die ganze Oberfläche der Blätter von kleinen Haargebilden und Papillen bedeckt war, sondern auch die ganze Oberfläche des Stammes. Die auf der Oberfläche des Stammes befindlichen Emergentien gingen von einem breiten Grund aus und breiteten sich lamellenartig aus, dann endigten sie immer schmaler werdend in einem spitzen Haar, also ganz auf dieselbe Weise, wie wir es in der Struktur der Blättchen bzw. Paraphylle der heutigen Moose beobachten können. Auf den Rändern dieser „Paraphylle" waren auch winzig kleine Zähnchen zu beobachten, die ganz so aussahen, wie die Paraphylle der Laubmoose, die Oberfläche dieser „Paraphylle" war aber in einer fast regelmäßigen Anordnung von winzig kleinen Warzen bedeckt. Auf dem Grund eines solchen Paraphyllums konnten sogar die Epidermiszellen festgestellt werden. Zwischen ihnen waren auch Stoma-artige Zeichnungen zu sehen, eine eindeutige Spaltöffnung war aber nicht zu finden (s. Taf. 3, Abb. 5 a).

Meinerseits halte ich diese Feststellung für sehr wichtig, vor allem deswegen, weil man neben den normalen Laubblättern auch auf Grund des Vorhandenseins der Paraphylle an die ähnlich aussehenden Paraphylle der Laubmoose denken kann. In Zusammenhang mit dieser Feststellung erhebt sich auch die Frage, ob diese Paraphylle nicht etwa „irgendwelche ligulare Gebilde gewesen sein dürften". Dieser Hypothese widerspricht jedoch der Umstand, daß an einigen Stellen sogar 15–20 derartige Paraphylle unter einem solchen Laubblatt vorkamen. Mir ist nicht bekannt, daß in der paläontologischen Literatur in Zusammenhang mit den Lepidodendren solchen Paraphyllen Erwähnung getan worden wäre. Wenn dies so ist, was ja nicht bezweifelt werden kann, dann kann aus dieser Feststellung darauf geschlossen werden, daß die Möglichkeit irgendwelcher genetischen Beziehungen zwischen den Laubmoosen und den *Lepidodendron*-artigen Pflanzen besteht.

Es könnte hier aber auch die Einwendung gemacht werden, daß die Paraphylle auf den Laubmoosen immer auf der gametopytonen, hier aber auf der sporopytonen Generation anzutreffen seien, d. h. daß sie keine homologen Organe sein können. Dies stimmt wohl. Aber auch das ist zutreffend, daß uns ein solcher homomorpher Generationswechsel bekannt ist (homomorph, Haplodontentyp *Chladophora*), bei welcher sowohl die 2 x-, als auch die x-Generationen in ihrer äußeren Form miteinander vollkommen übereinstimmen. Wenn wir aber dies annehmen, so ist es nicht unmöglich, daß z. B. Paraphylle auch auf der sporophyten Generation vorkommen konnten, wie sie auch heute vorkommen. In dieser Hinsicht sei z. B. auf das australische Laubmoos *Eriopus cristatus* aufmerksam gemacht, bei welchem die „Paraphylle" nicht auf ihrem Gametophyten, sondern auf ihrer Seta, also auf ihrem Sporophython anzutreffen sind. Nach der Ansicht vieler – die auch ich teile – sind die Paraphylle als ein Anfangsstadium zur Bildung von Laubblättern anzusehen. Nach dieser Auffassung ist nämlich ein Teil der Laubblätter aus den Emergentien der Oberfläche und nicht aus der Verflachung des Stieles zustande gekommen (Telomtheorie).

In Zusammenhang mit den Paraphyllen ist also die wichtigste Feststellung, daß auf diesem *Lepidodendron*-artigen Stamm neben den normalgroßen Laubblättern auch ganz kleine Blattgebilde, d. h. auch Paraphylle vorkamen. Dies hat auch in entwicklungsgeschichtlicher Hinsicht eine große Bedeutung, indem dieser Umstand die Möglichkeit des genetischen Zusammenhanges zwischen den Laubmoosen und den *Lepidodendron*-artigen Pflanzen nicht ausschließt.

ZUSAMMENFASSUNG

Was kann also aus diesen Beobachtungen zusammengefaßt werden. Auf Grund der Untersuchungen kann unzweifelhaft festgestellt werden, daß die fragliche Versteinerung keineswegs eine richtige „*Knorria*", also der gefäßbündelige Zustand eines Urfarnes ist, sondern aller Wahrscheinlichkeit nach ein junges laubblätteriges Stammstück eines Lepidodendrons und daß die auf der Oberfläche des Stammes befindlichen Blattgebilde Paraphylle sind. Meiner Ansicht nach ist das untersuchte Stammstück wahrscheinlich noch in ganz jungem Zustande tief in die Erde geraten, da auf ihm keine Laubnarben beobachtet werden konnten; das ganze Stammstück war von 2–5 cm langen Blättern dicht bedeckt, ähnlich wie die heutigen Laubmoose, die Lycopodien, die Selaginellen und die jungen Zweige einiger Fichtenarten.

In die feinere Struktur der Blätter wollten wir neben der Untersuchung im Schliff auch mit Hilfe von Kollodium-Filmabzügen Einblick bekommen. Diese Versuche haben aber leider keine besonderen Ergebnisse gebracht.

Nach alledem erhebt sich zuletzt noch die Frage, ob die Erhebungen auf den unter dem Namen „*Knorria*" gekannten Überresten wirklich Gefäßbündel seien, wie es in der Literatur bisher gelehrt wurde oder ob diese in Wirklichkeit junge, an die Stämme sich anschmiegende Überreste von Blättern seien, wie das auch bezüglich des von uns untersuchten Petrefaktes der Arbeitsstelle für Paläobotanik und Kohlenkunde der Deutschen Akademie der Wissenschaften zu Berlin mit der größten Bestimmtheit erwiesen wurde.

Demnach wird m. E. das Bild auf S. 213, Abb. 196, im „Lehrbuch der Paläobotanik" von Gothan-Weyland eigentlich ein blätteriges *Lepidodendron* und nicht einen gefäßbündeligen „*Knorria*"-Stamm darstellen. Eine so plötzlich sich zuspitzende Gefäßbündelstruktur konnte auch in den Lepidodendren nicht vorkommen. Es wird vielleicht nicht überflüssig sein zu bemerken, daß die Abbildung des „*Knorria*"-Stammes in dem oben angeführten Buch mit der Abbildung unseres Petrefaktes übereinstimmt.

Mit diesem kleinen Aufsatz wollte Verfasser die Aufmerksamkeit auf die sog. „*Knorria*-Stämme" hinlenken, damit die auf diese bezüglichen Untersuchungen revidiert werden sollen.

LITERATUR

[1] GREGUSS, P., Die entwicklungsgeschichtliche Bedeutung der Paraphyllen. - Bot. Közl., Budapest 1924.

[2] GREGUSS, P., Ein Gedanke zur polyphyletischen Entwicklung der Pflanzenwelt. - Beihefte Bot. Centralbl., Dresden 1918.

[3] GREGUSS, P., Xylotomysche Bestimmung der heute lebenden Gymnospermen. - Budapest 1955.

[4] GOTHAN & WEYLAND, Lehrbuch der Paläobotanik. - Berlin 1954.

[5] KRÄUSEL, R., Versunkene Floren. - Frankfurt a. M. 1950.

[6] KRÄUSEL, R., Die fossilen Koniferenhölzer. - Palaeontographica, S. 81—203, 1949.

[7] MÄGDEFRAU, K., Paläobiologie der Pflanzen. - Jena 1956.

[8] ZIMMERMANN, W., Geschichte der Pflanzen. 1949.

Tafel 3

Abb. 1. Der „*Knorria*"-Stamm mit Originalzettel und in Originalzustand (Vergr. ½)

Abb. 2. Derselbe von der anderen Seite; a und b die sog. „Gefäßbündelreste", in Wirklichkeit echte Blätter (Vergr. ½)

Abb. 3. Querschliff des Stammes in nat. Größe. Am Rande Querschliffe einiger Blätter. Der umrahmte Teil (a) die Grundgewebe in 100 facher Vergrößerung

Abb. 4. Oberfläche des Stammes mit deutlicher Beblätterung (etwas gereinigt). a und b einzelne Blätter. Vergrößerung 1 : 1

Abb. 5. Drei Paraphylle an der Oberfläche zwischen den Laubblättern (Vergr. 300 ×)

Abb. 6. Querschliff eines Blattes und einer Ligula (??), am Rande mehrere Trichomen; Grundgewebe vollkommen homogen (Vergr. 15 ×).

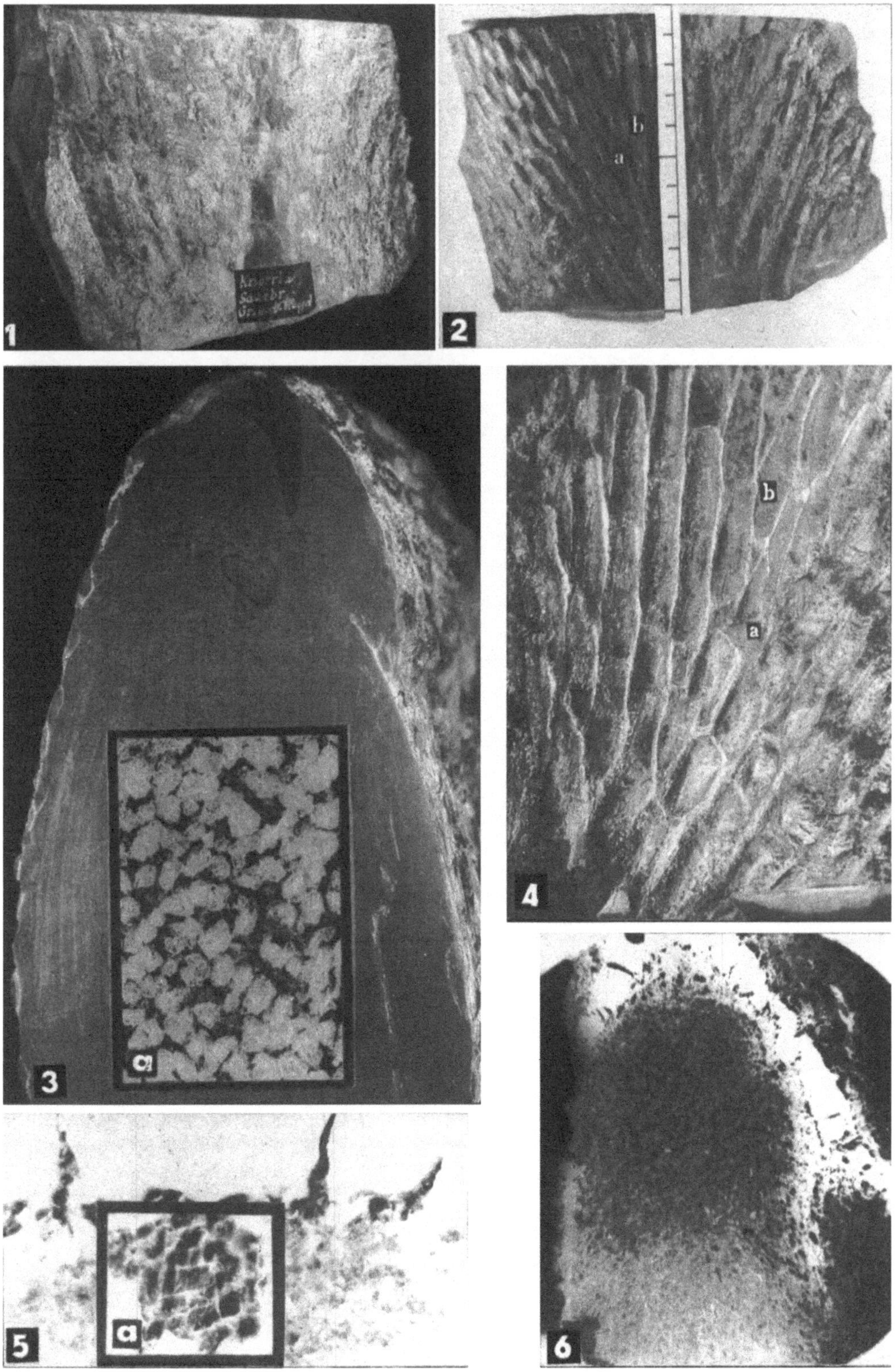
1
2
b
a
3
a
4
b
a
5
a
6

Kolibri 360 GmbH
Ferdinand-Jühlke-Straße 7
99095 Erfurt, Deutschland
produktsicherheit@kolibri360.de